BEI GRIN MACHT SICH IHR WISSEN BEZAHLT

- Wir veröffentlichen Ihre Hausarbeit,
  Bachelor- und Masterarbeit

- Ihr eigenes eBook und Buch -
  weltweit in allen wichtigen Shops

- Verdienen Sie an jedem Verkauf

Jetzt bei www.GRIN.com hochladen
und kostenlos publizieren

Bibliografische Information der Deutschen Nationalbibliothek:

Die Deutsche Bibliothek verzeichnet diese Publikation in der Deutschen National-
bibliografie; detaillierte bibliografische Daten sind im Internet über http://dnb.d-
nb.de/ abrufbar.

Impressum:

Copyright © 2017 GRIN Verlag, Open Publishing GmbH
Druck und Bindung: Books on Demand GmbH, Norderstedt Germany
ISBN: 9783668455078

Dieses Buch bei GRIN:

http://www.grin.com/de/e-book/366797/fehlermoeglichkeits-und-einflussanalyse-
fmea

Demë Mulaj

Fehlermöglichkeits- und Einflussanalyse FMEA

Grundlagen und praktische Umsetzung am Fallbeispiel "Studienarbeit"

GRIN Verlag

FMEA
Fehlermöglichkeits- und Einflussanalyse

Grundlagen und praktische Umsetzung am Fallbeispiel
„Studienarbeit."

Demë Mulaj

Hagen, 15.04.2017

Inhaltsverzeichnis

Abbildungs- und Tabellenverzeichnis

Abkürzungsverzeichnis:

bzw. *beziehungsweise*
DIN *Deutsches Institut für Normung*
FMEA *Failure Mode and Effect Analysis, dt. Fehlermöglichkeits-und Einflussanalyse*
NASA *National Aeronautics and Space Administration*
RPZ *Risikoprioritätszahl*
USA *United States of America*
VDA *Verband der Automobilindustrie e.V.*
VDMA *Verband deutscher Maschinen und Anlagenbau*

Motivation

Fehler sind ungünstig – sie stehen einem aber meist im Wege. Durch gemachte Fehler werden Projekte verzögert und ungeplante Kosten verursacht. Darunter sind einige Fehler drastisch, die den Erfolg eines Projektes nicht nur verspäten, sondern gänzlich verhindern.

Dem Erfolg genauso wie dem Misserfolg als Endergebnis stehen stets Ereignisse in Form von Fehler- und Hindernisüberwindung im Voraus. Einige davon mag man als notwendige Lernprozesse abhacken andere werden als „Fehler mit erheblichen Folgen" eingebucht. Die zweite Kategorie dieser Ereignisse ist sicherlich schädlicher und unnötig - folgerichtig in jedem Fall zu vermeiden.

Ganz im Sinne von Versuch und Irrtum geschieht ganz viel, wenn z. B. technische Entwicklungsprojekte stattfinden: angenommen, wenn ein neues Produkt entwickelt wird oder der Produktionsprozess dazu definiert wird.

Fehler können sich einschleichen und lange unentdeckt bleiben. Vielleicht erscheinen sie dann auch nur im Zusammenhang mit schwerwiegenden und schädlichen Folgen für Mensch, für Natur und auch für das Unternehmen. In solch einem Fall würde man von einem katastrophalen Ereignis sprechen: von Fehlern mit erheblichen Folgen.

Die Grafik auf der nächsten Seite setzt die Fehlerbehebungskosten in Bezug zu einem allgemeinen Projektverlauf eines Entwicklungsprojekts. Die Kosten für die Fehlerbehebung sind in der Planungsphase noch relativ gering. Der Anstieg der Kosten über die Projektphasen ist aber exponentiell und gewinnt damit immer mehr an Zuwachs. Der exponentielle Anstieg folgt einer Zehner-Regel, die in einigen Studien der 70er Jahren in USA, im Vereinten-Königreich, in Japan und auch in Deutschland durch einer VDMA-Studie[1] in den 90er Jahren bestätigt wurde.[2] Die Zehner-Regel besagt, dass die Kosten für die Fehlerbehebung je Projektfortschritt um das Zehnfache ansteigen. Später entdeckte Fehler werden somit unverhältnismäßig teurer.

Ein Fehler, der in der Entwicklungsphase entdeckt und behoben wird, möge beispielhaft 100 Euro Behebungskosten verursachen. Wird dieser Fehler erst in der Arbeitsvorbereitung entdeckt, so betragen seine Behebungskosten dann 1.000 Euro. Derselbe Fehler würde 10.000 Euro in der

---

[1] VDMA: Verband deutscher Maschinen und Anlagenbau (vdma.org).
[2] Vgl. http://www.sixsigmablackbelt.de/fehlerkosten-10er-regel-zehnerregel-rule-of-ten/

Fertigungsphase und 100.000 Euro in der Prüfungsphase verursachen. Wesentlich mehr Kosten können verursacht werden, falls der Fehler erst vom Kunden entdeckt wird. Die Kosten steigen während des Projektverlaufs, entsprechend der Zehner-Regel, sehr schnell an. Die folgende Abbildung verdeutlicht dies.

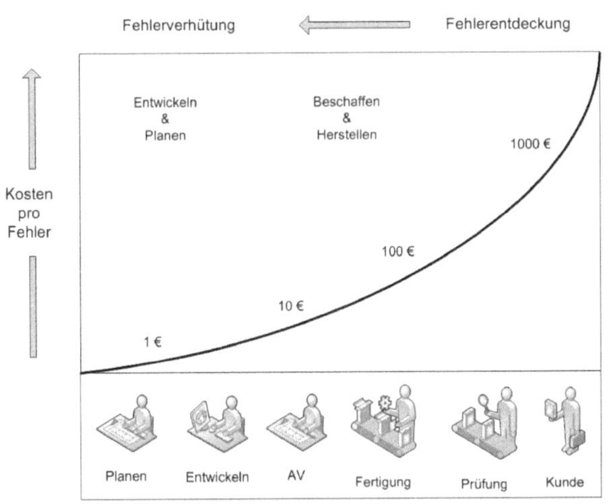

Abbildung 1: Fehlerberhebungskosten, Zehnerregel[3]

Daraus resultiert, dass Fehler so früh wie möglich zu entdecken sind. Je früher die Fehler entdeckt und behandelt werden, desto günstiger sind die Fehlerbehebungskosten.

Die dargebotene Ausführung soll uns als Motivation dienen, um folgende Fragestellung zu erheben: Wie können mögliche Fehler frühzeitig entdeck, erkannt und behandelt werden?

Diese Frage möchten wir in der vorliegenden Arbeit anhand einer geeigneten und erprobten Methode behandeln. Daraus ergibt sich eine Zielhierarchie für die vorliegende Arbeit, die im folgenden Abschnitt definiert wird.

---

[3] Bildquelle: https://www.sixsigmablackbelt.de/wp-content/uploads/2013/05/Fehlerkosten-10-er-Regel-300x237.png

1. Zielsetzung

In der obigen Einführung habe ich die Motivation zur Fehlervermeidung dargelegt und knapp begründet. Entscheidend dabei ist die präventive Haltung im Umgang mit Fehler, um einen exponentiellen Anstieg der Fehlerbehebungskosten zu vermeiden. Als Bezugsgröße sind darin die Kosten in Geld angegeben. Ich möchte aber den Hinweis erbringen, dass darunter auch Schäden am Menschen oder der Natur zu verstehen sind. Der Geldbetrag ist eine repräsentative Bezugsgröße.

Nur durch eine präventive Fehlervermeidung kann auch ein Endprodukt ein hohes Maß an Qualität und Sicherheit vorweisen. Um Fehler frühzeitig zu vermeiden, stehen Methoden zur Verfügung, die im Laufe der Zeit ausprobiert wurden und sich bewährt haben. Eine dieser Methoden ist die FMEA-Methode[4], die erstmals 1959/1969 entwickelt wurde.[5] FMEA steht für Fehlermöglichkeits- und Einflussanalyse. Diese Methode wollen wir in der vorliegenden Arbeit kennenlernen und praktisch anwenden.

Folgende Zielsetzung ergibt sich daher für die vorliegende Arbeit:

- **Beschreibung der FMEA-Methoden.**
    - o **Historie und Grundlagen**
    - o **Generelles Vorgehen anhand der aktuellen Literatur.**
- **Anwendung der Methode anhand eines gewählten Fallbeispiels.**

Anschließend sollen eine kritische Auseinandersetzung mit der Methode und eine Reflexion der eigenen Arbeit stattfinden.

2. Die FMEA Methode

2.1. Geschichte

Erstmalig wurde die FMEA im Jahre 1949 als Militärspezifikation in den USA veröffentlicht.[6] Einige Jahre später, im Jahr 1059/1960, wurde die Methode in das Raumfahrtprogramm der NASA aufgenommen. Die Technik in der Weltraumorganisation ging, damals wie heute, bis an die Grenzen des technisch Machbaren und ist dementsprechend sehr kritisch und kostspielig. Daher

---

[4] FMEA: Failure Mode and Effect Analysis, *dt.* Fehlermöglichkeit und Einflussanalyse (wirtschaftslexikon.gabler.de)
[5] Vgl. Tietjen/Decker/Müller(2011), S.6
[6] Vgl. Werdich, Martin, Hrsg. (2011), S. 4.

wird in diesem Bereich besonders auf Sicherheit und Qualität (also Fehlervermeidung) geachtet.[7] Im Jahr 1980 wurde die Methode in Deutschland unter dem Namen „Ausfallanalyse" bekannt und in der DIN 25448 niedergeschrieben. 1985 fand sie durch Ford Einzug in die Automobilindustrie und 1996 wurde die Methode in Deutschland durch den VDA[8] aufgegriffen und systematische verbessert. Seither wird die Methode standardmäßig in der Automobilindustrie aber auch in sehr vielen anderen Anwendungsmöglichkeiten der Industrie und in Qualitätssicherungssysteme eingesetzt.

Ziel der FMEA ist es immer potenzielle Fehlerquellen bei der Entwicklung eines Produktes bzw. Prozesses bereits bei der Planung aufzudecken und so das Auftreten von Fahleren grundsätzlich zu vermeiden. Die Gefahr und seine Quellen sollen dadurch rechtzeitig und konsequent eliminiert werden.[9]

2.2. Grundbegriffe und Ziele der FMEA

Die Fehlermöglichkeits- und Einflussanalyse ist eine analytische Methode zur Untersuchung und Vermeidung von potenziellen Fehlern bei der Neuentwicklung von Produkten und Prozessen. [10] Klassisch wird die FMEA in drei Varianten unterschieden: Die System-FMEA, die Konstruktions-FMEA und die Prozess-FMEA. Die Methode bleibt in allen Varianten gleich, lediglich der betrachtete Gegenstand unterscheidet sich innerhalb der Varianten.[11] Ein übergeordnetes Produkt oder System wäre der Betrachtungsgegenstand einer System-FMEA; das einzelne Bauteil oder Element wäre Betrachtungsgegenstand bei einer Konstruktions-FMEA; bei der Prozess-FMEA würden die Prozessschritte und einzelne Teiltätigkeiten in seiner schrittweisen Organisation, Planung und Umsetzung untersucht werden.

Ein wesentliches Ziel der FMEA ist es eine Risikobewertung der ermittelten potenziellen Fehler (inklusive Fehlerursachen und Fehlerfolgen) vorzunehmen, um im weiteren Verlauf das Risiko zu minimieren. Die Risikobewertung eines Fehler wird bei der FMEA anhand von drei Kriterien bestimmt: 1. Die Auftretenswahrscheinlichkeit des Fehlers, 2. die Schadenshöhe bei Fehlereintritt

---

[7] Vgl. Tietjen/Decker/Müller(2011), S.6 ff
[8] VDA: Verband der Automobilindustrie e. V.
[9] Mathe (2012), S. 31.
[10] Mathe (2012), S. 26
[11] Vgl. Tietjen/Decker/Müller(2011), S.16 ff

und die Entdeckungswahrscheinlichkeit des Fehlers. Hierauf wird in Abschnitt 2.3.5 unten ausführlicher eingegangen.

Anhand dieser drei Kriterien wird anschließend die Risikoprioritätszahl (RPZ) ermittelt, die zur Gesamtbewertung des Fehlers und als Priorisierungsbasis der Fehler dient.

Durch die Benennung der Bewertungsfaktoren und der dazugehörigen Risikoprioritätszahl ist der wichtigste Charakter der Risikobewertung knapp beschrieben worden. Dieser Kern der FMEA wird ausführlicher im Abschnitt 2.3.5 unten behandelt.

Die Durchführung der FMEA bedarf insgesamt einer umfangreichen Vorbereitung und ebenso einer intensiven Nacharbeit. Es sind eine Anzahl von Vorgängen vor und nach der Risikobewertung zu berücksichtigen. Das heißt, die Erstellung der FMEA-Analyse ist an und für sich ein aufwendiger Vorgang, der in mehreren Schritten stattzufinden hat. Wir werden den Gesamtprozess im Kapitel 2.3 unten behandeln.

2.3. Methodisches Vorgehen zur Erstellung der FMEA Analyse

Bevor die Risikobewertung, wie im oberen Abschnitt erläutert, stattfinden kann, müssen die Risiken erst einmal ermittelt bzw. aufgedeckt werden. Und bevor die Fehler dies in der FMEA-Analyse ermittelt werden ist die grundsätzliche Vorbereitung der FMEA-Analyse zwingend notwendig. Nachdem die Risikoliste erstellt und priorisiert wurde, ist es notwendig, die Risiken zu bewerten und anschließend zu vermeiden. Die FMEA hat das Ziel Risiken zu vermeiden. Es reicht also nicht aus die Risiken lediglich zu kennen.

Insgesamt kann das Vorgehen bei der Erstellung der FMEA in folgende Schritte stattfinden:[12,13] 1. Vorbereitung, 2. Strukturanalyse, 3. Funktionsanalyse, 4. Fehleranalyse, 5. Risikobewertung/ Maßnahmenanalyse und 6. Optimierung.

Diese Phasen wollen wir nun einzeln betrachten.

---

[12] Vgl. Werdich, Martin, Hrsg. (2011), S. 19 ff
[13] Vgl. Rippl/ Tschepe/ Simross, FH Coburg (2003), S. 6.

2.3.1. Vorbereitung

Zur Vorbereitung der FMEA-Analyse gehört zum einen die Klarstellung der Ziele, die mittels der durchzuführenden FMEA erreicht werden soll. Die Aufgabenstellung wird mit der Firmenleitung abgestimmt; das zu untersuchende Produkt oder der Prozess ist klar definiert. Dann wird ein Team, bestehend aus Stakeholdern,[14] die in Beziehung mit dem zu untersuchenden Beobachtungsgegenstand stehen, zusammengestellt. Das Team sollte nach Möglichkeit mit der Methode und dem Ablauf vertraut sein. Ein Moderator ist notwendig, um den Ablauf zu organisieren, sicherzustellen und um das Team zu leiten, zu begleiten und zu unterstützt. In dieser Phase werden ebenfalls alle notwendigen Dokumente wie Lastenheft, relevante Vorschriften, bekannte FMEA Analysen aus vergleichbaren Fällen, Ablaufdiagramme, Prüfpläne, technische Zeichnungen, Fehlerlisten und FMEA-Formblätter[15] zusammengestellt.[16]

Einige Autoren benennen in der Vorbereitungsphase auch andere Voraussetzungen, die geschafft werden müssen, um erfolgreich die Methode anwenden zu könne. Dazu gehören unter anderem das Erreichen der Akzeptant für die Methode in allen Hierarchieebenen, die Schulung der Mitarbeiter (oder eines MA) zu FMEA–Moderator und die Zusammenstellung eines interdisziplinären Teams. Die inhaltliche Vorbereitung findet aber wieder durch die Zusammenstellung relevanter Dokumente und die Bildung eines Teams, wie oben beschrieben, statt.[17]

2.3.2. Strukturanalyse

In dieser Phase wird das zu untersuchende System [18]

- in seine Funktionsteile, Baugruppen bzw. Einzelteile zerlegt
- es wird von seiner Umgebung insgesamt abgegrenzt und
- seine Schnittstellen werden klar definiert und festgelegt.

Die Strukturanalyse erfolgt vom Gesamtsystem über die Strukturelemente zu den einzelnen Systemelementen. Bei einer Produkt-FMEA erfolgt die Analyse über die Stücklistenstruktur. Bei einer Prozess-FMEA streckt sich die Strukturanalyse vom Gesamtprozess bis in die Teilprozesse

---

[14] Stakeholders: Anspruchsgruppen sind alle internen und externen Personengruppen, die von den unternehmerischen Tätigkeiten gegenwärtig oder in Zukunft direkt oder indirekt betroffen sind (wirtschaftslexikon.gabler.de).
[15] Formblätter: dienen in der FMEA Analyse der Risikobewertung und Optimierung, vgl. Kapitel 3.4
[16] Vgl. Rippl / Tschepe/ Simross, FH Coburg (2003), S. 7
[17] Vgl. Mathe (2012), S. 34,35
[18] Damit ist gemeint ein Produkt, ein Prozess oder eine Konstruktion, vgl. S. 6

und Arbeitsschritte.[19] Die einzelnen Elemente werden in einer Hierarchieordnung gebracht und in Beziehung zueinander gestellt. Die Darstellung der Strukturanalyse erfolgt grafisch in einer Baumstruktur.[20] In Abschnitt 3.2 unten wird im Rahmen der praktischen Umsetzung darauf eingegangen. Sehen Sie auch Anhang 1 – Strukturbaum zum Fallbeispiel Studienarbeit.

Ziele, die mit der Durchführung der Strukturanalyse erreicht werden, sind unter anderem: die Schaffung einer Übersicht, das Begreifen des Systems sowie die bessere Festlegung von Teilverantwortlichkeit.[21]

Nach der Strukturanalyse folgt die Funktionsanalyse.[22]

2.3.3. Funktionsanalyse

Die Betrachtung der Funktionen und die Analyse davon folgen auf Basis der Strukturanalyse. In der Funktionsanalyse findet folgendes statt:

- die verschiedene Funktionen des Systems werden definiert,
- den einzelnen Elementen werden die Funktionen zugeordnet.

In dieser Phase wird beschrieben, was das System können muss, welche weiteren Aufgaben es zu erfüllen hat, aber auch, was es nicht tun darf. Die Funktionen sind zu hinterfragen und auf Plausibilität, Widerspruch, Nachvollziehbarkeit, Messbarkeit und nach Voraussetzungen zu prüfen. Mit der Funktionsanalyse wird erreicht, dass die Funktionalität übersichtlich dargestellt wird, dass die Ursachen-Wirkungsbeziehungen verstanden werden und, dass das Lastenheft seine Entsprechung findet.

Die Funktionsanalyse dient als Grundlage für die Fehleranalyse.[23] Die Darstellung kann in einem Funktionsbaum, einem Funktionsnetz oder einer Funktionsliste erfolgen. In unserem Beispiel im Abschnitt 3.3 unten haben wir die Listenansicht gewählt. Sehen Sie auch Anhang 2.

2.3.4. Fehleranalyse

In diesem Schritt werden für alle Systemelemente bzw. Funktionsgruppen Fehler ermittelt

---

[19] Vgl. Rippl/ Tschepe/ Simross, FH Coburg (2003), S. 8.
[20] Für Vertiefende Informationen Vgl. Tietjen/Decker/Müller(2011), S.69 bis 81
[21] Vgl. Werdich, Martin, Hrsg. (2011), S. 31 ff,
[22] In der Literatur gibt es keine einheitliche Beschreibung zum Vorgehen. Oftmals wird dir Funktionsanalyse der Strukturanalyse vorangestellt. Vgl. TQM International GmbH (Dezember 2013) S.57 ff ; Vgl. Werdich, Martin, Hrsg. (2011), S. 27 ff.
[23] Vgl. Werdich, Martin, Hrsg. (2011), S. 27-29 ff,

-       -Für jedes Systemelement wird eine Fehleranalyse durchgeführt.

-Funktionsfehler können über die Negation der Funktionalität abgeleitet werden.

Für das Aufspüren der Fehler hat sich laut Literatur als nützliche Gedankenstütze erwiesen, wenn Folgendes in Betracht gezogen wird: keine Funktion; teilweise, eingeschränkte oder überfüllte Funktion; schlechte Funktion; zeitweise Funktion und unbeabsichtigte Funktion. Zusätzlich können Fehlerlisten aus ähnlichen Problemstellungen herangezogen werden. [24,25] Auch hier findet eine Verknüpfung zwischen Fehler und Funktion bzw. Systemelement statt. In unserem Beispiel haben wir die Funktions- und Fehleranalyse in einer Listenansicht den Elementen zugewiesen, sehen Sie Anhang 2 – Funktions- und Fehleranalyse zum Fallbeispiel Studienarbeit.

2.3.5. Risikobewertung / Maßnahmenanalyse

In dieser Phase wird der aktuelle Zustand ermittelt und bewertet. Es dient letztendlich der Überlegung, ob eine Verbesserung notwendig ist oder nicht. Grundlagen der Bewertungen sind folgende Faktoren:

- **Die Auftretenswahrscheinlichkeit.** *Wie wahrscheinlich ist es, dass der potenzielle Fehler oder die Fehlerursache eintritt.*
- **Die Schadenshöhe.** *Die Schadenshöhe fragt nach dem Schadensausmaß bei Schadenseintritt. Auch als Schwere der Auswirkung oder als Fehlerfolge bezeichnet. So können manche Fehler statistisch sehr gering sein, ziehen aber bei Eintritt schwerwiegende Folgen nach sich.*
- **Die Entdeckungswahrscheinlichkeit.** *Wie wahrscheinlich ist es, dass der Fehler oder seine Ursachen rechtzeitig erkannt bzw. entdeckt werden.*

Die Kriterien werden mit Zahlen zwischen 1 und 10 bewertet. Für eine geringe Auftretenswahrscheinlichkeit oder eine geringe Schadenshöhe würde das Kriterium mit eine 1 bewertet, Gegenteiliges mit einer 10. Eine hohe Entdeckungswahrscheinlichkeit des Fehlers würde sich günstig auf die Fehlerfolge wirken und wäre daher mit 1 zu bewerten. Falls die Entdeckungswahrscheinlichkeit sehr gering ist, muss der Faktor mit 10 bewertet werden.

---

[24] Vgl. Rippl/ Tschepe/ Simross, FH Coburg (2003), S. 10
[25] Vgl. Werdich, Martin, Hrsg. (2011), S. 34

Anhand dieser drei Kriterien wird anschließend die Risikoprioritätszahl (RPZ) ermittelt. Die RPZ ermittelt sich aus einfacher Multiplikation der drei Faktoren (Auftretenswahrscheinlichkeit, Schadenhöhe und Entdeckbarkeit) und liegt somit zwischen 1 und 1000. Anhand dieser Zahl kann das Risiko bewertet bzw. priorisiert werden und es kann anschließend über weitere Maßnahmen beraten werden. Es kann z.B. unterschieden werden, ob ein Risiko in einem akzeptablen Bereich liegt, oder ob es inakzeptabel ist und einer Risikobehandlung, einer Risikobewältigungsmaßnahme, bedarf. [26,27]

Zur Verdeutlichung der Risikobewertung anhand der Kriterien und der RPZ stehen Formblätter wie das QS9000 und das VDA-Formblatt zur Verfügung. Im Rahmen unserer praktischen Umsetzung im Kapitel 3.3 haben wir das VDA-Formblatt benutzt. Sie beinhalten einen Bereich der Risikoanalyse, einen der Risikobewertung und einen zum Zweck der Risikominimierung. Sehen Sie auch Anhang 3 – Risikobewertung / Maßnahmenanalyse und Optimierung zum Fallbeispiel Studienarbeit.

2.3.6. Optimierung

Ziel der Optimierungsmaßnahmen muss es entsprechend der Risikobewertung sein:

- Die Bedeutung des Fehlers zu reduzieren.
- Die Wahrscheinlichkeit des Auftretens ebenfalls zu reduzieren oder durch entsprechende Maßnahmen zu vermeiden.
- Die Entdeckbarkeit des Fehlers, ebenfalls durch verbesserte Maßnahmen am Produkt oder Prozess zu erhöhen, damit ein Fehlerzustand schnell erkenntlich wird.

Für die Optimierung dient wieder das FMEA-Formblatt. Darin werden die Verbesserungsmaßnahmen eingetragen, der Verantwortliche benannt und die Umsetzung der Maßnahme wird terminiert.

Für die Erfolgswertung dient nach der Durchführung der Maßnahmen wiederum die Fehlerbewertung anhand der Risikoprioritätszahl - diese muss selbstverständlich nach der Durchführung der Abstellmaßnahme wesentlich geringer ausfallen. Sehen Sie auch Anhang 3 – Risikobewertung / Maßnahmenanalyse und Optimierung zum Fallbeispiel Studienarbeit.

---

[26] Vgl. Seibold/Drews (o. J.), RER816, S.40
[27] Vgl. Saeibold/Drews (o. J.), RER816, S.83

3. Beispielhafte Umsetzung einer FMEA-Analyse

Für die hier praktische Übung und Verdeutlichung einer FMEA–Analyse habe ich mir einen vielleicht relativ einfachen aber für mich sehr nützlichen Fall ausgesucht.

Als nicht Muttersprachler der deutschen Sprache und ehemaliger Hauptschüler stieß ich immer wieder auf Probleme bei der Erstellung von Studien- und Facharbeiten. Teilweise waren die Noten nicht zufriedenstellend. Daher möchte ich hier die Erstellung einer Studienarbeit zum Gegenstand der praktischen FMEA-Analyse in der hier vorliegenden Arbeit machen. Die Umsetzung der FMEA Analyse soll die oben beschriebenen Phasen beinhalten. Darüber hinaus soll die kostenlose Software Apis bei der FMEA-Analyse teilweise eingesetzt werden. Ich fange mit der ersten Phase, der Vorbereitung, an.

3.1. Vorbereitung zum Fallbeispiel Studienarbeit

Zur Vorbereitung der FMEA Analyse zum Thema Studienarbeit wirft das Ziel bestimmt, relevante Dokumente werden eingesammelt, das Team gebildet sowie eine Abstimmung mit dem Dozenten gehalten. Hier das Ergebnis:

Ziel: Es soll eine FMEA Analyse erstellt werden, zum Zweck von Fehlervermeidung in Studienarbeiten. Dadurch soll sichergestellt werden, dass stets Noten im oberen Bereich erreicht werden. Darüber hinaus will der Autor eine gute Note erreichen und die Hausarbeit gewinnbringend verkaufen.

Abstimmung: Das Ziel im Rahmen der FEMA ist mit der zuständigen Dozentin vereinbart.

Team: Es besteht aus dem Assignmenthersteller, dem Dozenten und einem seiner Studienkommilitonen.

Dokumente: Zur besseren Problembehandlung dienen Gutachten aus vergangen Studienarbeiten, Richtlinien der AKAD University zum wiss. Arbeiten, Angaben aus dem AKAD online Campus und weitere Standardwerke zum wissenschaftlichen Arbeiten.

Die Benennung eines Moderators bzw. die Schulung des Teams entfällt.

3.2. Strukturanalyse zum Fallbeispiel Studienarbeit

Die Strukturanalyse wurde mit der kostenlos zur Verfügung stehenden Software IQ-RM PRO von der Apis Informationstechnologie GmbH[28] erstellt. Dabei wird davon ausgegangen, dass die Studienarbeit ein immaterielles aber letztendlich ein Produkt ist, welches auch einem Erstellungsprozess unterliegt. Das Ergebnis der Strukturanalyse ist in einer Baumstruktur dargestellt. Sehen Sie Anhang 1 – Strukturbaum zum Fallbeispiel Studienarbeit. Aus Gründen der Einfachheit wurde letztendlich nicht weiter als auf drei Ebenen unterteilt. Insgesamt sind die einzelnen Elemente einer Studienarbeit gut abgebildet, auch wenn über die Zuordnung Interpretationsspielraum vorhanden ist. Zum Beispiel hätte man einen Element „Formalitäten" einführen können und diesen dann in „Schrift", „Wissenschaftliches Arbeiten", „Literaturangaben" und so weiter unterteilen können. Ein Anspruch auf endgültige Richtigkeit kann im Rahme dieser Arbeit nicht gestellt werden. Insgesamt ist das Ergebnis aber sehr schlüssig.

3.3. Funktionsanalyse und Fehleranalyse zum Fallbeispiel Studienarbeit

Aus praktischen Gründen wurden bei der Umsetzung und auch in diesem Kapitel die Funktionsanalyse und die Fehleranalyse zusammengefasst. Diese können mit der APIS Software sehr gut nacheinander und zusammenfassend in ein und demselben Dokument erstellt werden.

Funktionsanalyse. In der Funktionsanalyse wurden den einzelnen Elementen die Funktionen zugeordnet. Da es sich bei einer Studienarbeit sich um ein „immaterielles Produkt" handelt, fällt die Funktionalität der Elemente so aus, dass es der Erreichung von Vorgaben und Standard dient. Darüber hinaus weisen die einzelnen Elemente der Studienarbeit bestimmte Merkmale auf, die ebenfalls den Elementen zugewiesen wurden. Das Ergebnis ist im Anhang 2 – Funktions- und Fehleranalyse zum Fallbeispiel Studienarbeit zu sehen. Die grüne Schrift beschreibt die Funktionen, die blaue Schrift das Merkmal zu dem jeweiligen Element. Die Elemente sind in schwarzer Farbe.

Fehleranalyse. Auch in der Fehleranalyse wurden mögliche Fehler den einzelnen Elementen der Studienarbeit hinzugefügt. Zum Beispiel kam es bei mir mal vor, dass der Anhang bzw. die Anhänge nicht durchnummeriert waren oder, dass die Literaturangabe nicht vollständig war. Diese Fehler wurden aus entsprechendem Gutachten aus der Vergangenheit einbezogen. Das Ergebnis der

---

[28] www.apis.de, abgerufen am 09.04.2017

Fehleranalyse ist ebenfalls im Anhang 2 zu sehen. Die Rote Schrift darin sind die Fehler zu den einzelnen Elementen.

Für die Darstellung der Funktions- und Fehleranalyse wurde hier die Strukturvariante gewählt. Es stehen grundsätzlich weitere Möglichkeiten zur Verfügung. Die Software der APIS GmbH bietet hier die praktische Möglichkeit sowohl Funktionen als auch Fehler und Merkmale den Elementen direkt zuzuweisen.

3.4. Risikobewertung/Maßnahmenanalyse und Optimierung zum Fallbeispiel Studienarbeit

Auch hier fasse ich die Phasen Risikobewertung/Maßnahmenanalyse mit der dahinter liegenden Phase der Optimierung zusammen. Eben, weil beide Phasen in einem Formblatt sich abbilden lassen.

Risikobewertung / Maßnahmenanalyse. In Dieser Phase wurden die gefundenen Fehler in dem vorgesehenen Formblatt eingetragen. Sie sind den Elementen zugeordnet und auf Ursachen und Folgen analysiert. Sowohl Fehlerfolge als auch die Fehlerursache sind eingetragen. Falls es bereits zu diesem Zeitpunkt vorbeugende Maßnahmen existieren, so sind diese auch eingetragen. Die Risikobewertung fand dann anhand der drei Kriterien -Auftreten, Bedeutung und Entdeckung, wie auch im Abschnitt 2.3.5 oben erläuterte - statt. Das Ergebnis ist im Anhang 3 auf **Fehler! Textmarke nicht definiert.** unten zu sehen. Der gelb markierte Bereich umfasst die Risikobewertung und Maßnahmenanalyse. Die Risikoprioritätszahl lässt schon ersichtlich werden, dass das Element 1.12.1.1 mit Fehler 1.12.1.1. a.1 und mit der RPZ von 405 den höchsten Wert hat und das Element 1.1 mit Fehler 1.1.c.1 mit der RPZ von 125 den geringsten Wert aufweist. Obwohl Letzterer zum jetzigen Zustand keine vorbeugende Maßnahme vorweist.

Optimierung. Ebenfalls im selben Formblatt im Anhang 3 ist die Optimierung aufzufinden. Darin sind die Veränderung der Fehler und die Bewertung nach getroffenen Verbesserungsmaßnahmen zu sehen. Daraus ergibt sich, dass Fehler 1.12.1.1. a.1 von der RPZ 405 auf RPZ 18 verbessert wird. Fehler 1.1.c.1 wird von RPZ 125 auf RPZ 5 ebenfalls sehr verbessert. Interessant dabei ist, dass die Bedeutung des Fehlers innerhalb der Bewertung in beiden Fällen (also vor als auch nach den Verbesserungsmaßnahmen) unverändert bei einem hohen Wert bleibt. Die Optimierung hat erheblich dazu beigetragen, dass die Risikoprioritätszahlen erheblich nach unten verbessert wurden und somit die „Produktqualität" und somit die Qualität der Studienarbeit sich bessert.

4. Kritische Auseinandersetzung

Die FMEA-Methode hat sicherlich seine begründete und erprobte Existenzberechtigung, auf die wir noch einmal eingehen werden, aber zunächst soll nach Nachteilen und Stolpersteinen gefragt werden.

Hierzu wird in alle von mir eingesehenen Quellen als problematisch der hohe Aufwand benannt. Aus der Sicht einiger Mitglieder der Universität Paderborn sind hohe Detailkenntnisse des vorliegenden Systems notwendig, um die Fehleranalyse durchführen zu können. Besonders problematisch sei es, dass nur einzelne Fehler erkannt werden dafür aber keine mehrfache oder sogenannte „Common mode Fehler", wie diese in der Softwaretechnik vorkommen.[29, 30] Das Johner-Institut beschreibt das Problem auf einen Fachartikel Ihrer Webseite wie folgt: „Die FMEA hat als Nachteil, dass sie ungeeignet ist, logische Verknüpfungen viele Fehler zu untersuchen und zu beschreiben."[31] Die Beratungsfirma tercero consult Dr. Oliver Wagner mangelt auf Ihre Homepage[32] in einem Praxisbericht insbesondere folgendes:

- unbefriedigende Beschreibung von Fehlerfolgen
- unzureichende Ursachenanalyse
- zeitraubende Zahlendiskussion über die Risikobewertungszahlen bzw. die RPZ

Letzteres wurde auch von der Deutschen Gesellschaft für die Qualität thematisiert. Darunter wurde die Arbeit von Professor Dr. Jens Braband von der Siemens AG mit dem Walter Messing Preis gewürdigt. Sein Thema war „Risikoprioritätszahlen als verlässliches Instrument der

---

[29] Common mode Fehler: Common Mode Failure (CMF; deutsch Gleichartiger Fehler) ist ein Begriff aus der Europäischen Norm EN ISO 12100-1 und bezeichnet in der Risikoanalyse den Ausfall von mehreren gleichartigen Komponenten oder Betriebsmitteln, deren Versagen zu einem Schadensereignis führen.[1] Es handelt sich um Fehler, die nicht durch eine gemeinsame Ursache ausgelöst wurden. Der Begriff CMF ist daher von einem Common Cause Failure (Versagen aufgrund gemeinsamer Ursache) zu unterscheiden (Vgl. wikipedia.de).

[30] Vgl. Sinnerbring/Giese (2004), S. 16 ff.

[31] https://www.johner-institut.de/blog/iso-14971-risikomanagement/fmea-bei-medizinprodukten/, abgerufen am 13.04.17

[32] Vgl.: http://www.tercero.de/infocenter/qualitaetsmethoden-qm-methoden/fmea-fehler-moeglichkeits-einfluss-analyse-Beratung-Moderation/FMEA-Kritik-Praxis-Erfahrungen-Beratung-Moderation, abgerufen am 13.04.17

Qualitätssicherung". Darin wurde die Problematik mit den ordinären skalaren Merkmalen der drei Bewertungsfaktoren sowie der Umgang mit den Risikoprioritätszahlen behandelt.[33]

Vorteile sind nach wie vor[34,35]

- umfassende präventive Risikobetrachtung.
- Reduzierung von reaktiven, kostenintensiven Korrekturmaßnahmen und Terminverzögerungen.
- verbessertes Systemverständnis und Kommunikation.
- eine Strategie der Fehlervermeidung anstatt aufwändiger Fehlerbeseitigung.
- besonders gut für Neuentwicklungen und Änderungen von Produkten und Prozessen geeignet.
- kritische Komponenten können gefunden und Schwerpunkte bei der Verhütung von Fehlern gesetzt werden.
- senkt die Gefahr, dass Produktfehler beim Kunden auftreten und damit Kosten und ein Ansehensverlust entstehen.
- Steigerung des Qualitätsbewusstseins der Mitarbeiter, der fachübergreifende Wissensaustausch
- geordnete und lückenlose Dokumentation der Fehler und Gegenmaßnahmen.
- erhöht sich die Kundenzufriedenheit.

Aus meiner Sicht ist es besonders kritisch die Vorbereitung, eine klare und für alle vertretbare Zieldefinition sowie eine hohe Motivation besonders erfolgskritisch anzusehen. Eine geschulte Moderation sollte hierfür eingesetzt werden.

Ich möchte noch hinzufügen, dass ich die Einbeziehung von Nichtexperten im Team eher als Vorteil für eine umfangreiche Risikoanalyse ansehe. Somit können oft fatale aber absolut vermeidbare Fehler, weil sie von Experten als kleinlich und schnell lösbar verharmlost werden, stets mit im Blick behalten werden.

Weitere Autoren bejubeln das generelle Potenzial von der FEMA Analyse. So ist im Fazit von Werdich (2011) zu lesen: „Ich sehe die FEMA [...] als universell verwendbare Risikoanalyse, die

---

[33] Vgl. http://www.walter-masing-preis.de/preistraeger/preistraeger-2007/, abgerufen am 13.04.17
[34] Vgl.:ttp://www.orghandbuch.de/OHB/DE/Organisationshandbuch/6_MethodenTechniken/63_Analysetechniken/633_FehlermoeglichkeitUndEinfl ussanalyse/fehlermoeglichkeitundeinflussanalyse_inhalt.html, abgerufen am 13.04.17
[35] Vgl.: https://www.qz-online.de/qualitaets-management/qm-basics/methoden/fmea/artikel/fehlermoeglichkeits-und-einflussanalyse-fmea-nach-qs-9000-270675.html, abgerufen am 13.04.17

nicht im Qualitätsmanagement zuhause ist. [...] so sehe ich die FMEA als universelles Werkzeug, das eines Tages [...] von sämtlich präventiv denkenden Menschen benutzt wird." [36] Um dieser Aussage von Werdich noch Gewicht zu verleihen, möchte ich zwei Hinweise machen:

Erstens: Meine eigene hier praktizierte Umsetzung der FMEA anhand des Beobachtungsgegenstands Studienarbeit ist eindeutig nicht in die Automobilindustrie oder Medizintechnik anzusiedeln. Somit entspricht es der Vorstellung des oben genannten Autors, dass es in für möglichst viele präventive Untersuchungen einsetzbar ist.

Zweitens: Die Bundesregierung unterstützt ebenfalls den Transfer der Methode in anderen Bereichen. So wurde mit Unterstützung der Bundesregierung vergangenes Jahr die Human-FMEA von Algedri und Frieling (2015) mit dem Ziel menschliche Handlungsfehler zu erkennen und zu vermeiden vorgestellt. [37]

5. Ergebnisübersicht und Reflexion der eignen Arbeit.

Die vorliegende Arbeit hatte das Ziel die FMEA Methode in seinen Grundlagen vorzustellen und die aktuelle Diskussion anzudeuten. Kapitel 2 und Kapitel 4 erfüllen dieses Ziel vollständig.

Ein weiteres erklärtes Ziel bestand in der eigenständigen und praktischen Auseinandersetzung mit der Methode. Dieses Ziel wurde anhand des Fallbeispiels „Studienarbeit" erreicht und ist in Kapitel 3 sowie mit den Anhängen 1 bis 3 gut erläutert und abgebildet. Die Kritik, die grundsätzlich an der der FMEA stattfindet, konnte auch anhand der eigenen Auseinandersetzung im Fallbeispiel aufs Exempel erfahren werden. Um den Umfang dieses Abschnitts nicht weiter zu verlängern, möchte ich nur auf zwei Besonderheiten eingehen:

- Mein Fallbeispiel konnte ich nicht bis in alle Einzelheiten umsetzen. Das Formblatt enthält nicht für alle Elemente die Fehlerbeurteilung bzw. die Optimierung. Die Phase der Risikobewertung und die der Optimierung sind in dem Beispiel nicht vollendet.
    - ➤ Die Kritik des hohen Aufwands traf hier absolut zu

- Die praktische Umsetzung fand nicht in Rahmen einer technischen Auseinandersetzung. Die Methode ermöglichte es mir für meine eigene Zwecke, die Studienarbeiten, was ich als immaterielles „Produkt" behandelt habe, sinnvoll eingesetzt zu werden.

  - ➤ Die Kritik bzw. der Appel von Werdich in Kapitel 4 traf ebenfalls zu. Die Methode hat einen universellen Charakter.

Hiermit möchte ich die vorliegende Arbeit abschließen.

Literatur

Algedri, J., Frieling, E. (2015), *Human-FMEA. Menschliche Handlungsfehler erkennen und vermeiden. 2., erweiterte Auflage. Carl Hansa Verlag, München.*

Mathe, Roland (2012), *FMEA für das Supply Chain Management. Prozessrisiken frühzeitig erkennen und wirkam vermeiden mit matrix-FMEA. 1. Auflage. Symposium Publishing GmbH, Düsseldorf.*

Tietjen/Decker/Müller (2011), *FMEA Praxis. Das Komplettpaket für Training und Anwendung. 3., überarbeitete Auflage. Carl Hanser Verlage, München, Wien.*

Werdich, Martin, Hrsg. (2011), *FMEA- Einführung und Moderation. Durch Systemische Entwicklung zur übersichtlichen Risikominimierung. 1. Auflage. Vieweg +Tubner Verlag, Springer Fachmedien GmbH, Wiesbaden.*

Seibold, Dr., Drews (o.J.), *Requirements-Engineering und Risikomanagement, Risikofaktoren und Risikomanagementsysteme in der Technik, RER816, AKAD Bildungsgesellschaft mbH.*

<u>Digitale PDF-Dateien aus Suchmachinen</u>

Rippl, Tschepe, Simross (2003), FMEA Failure Mode and Effect Analysis, FH Coburg, PDF Datei, Quelle:http://www.imme2000.de/dokumente/FachspezifischerTeil/Technik/Montagetechnik/FMEA _e.pdf heruntergeladen am 27.02.2017

Sinnerbring/Giese (2004), Gefahrenanalyse mittels FMEA, Universität Paderborn, AG Softwaretechnik, Prof. Dr. W. Schäfer, PDF Datei, Quelle: http://www2.cs.uni-paderborn.de/cs/ag-schaefer/Lehre/Lehrveranstaltungen/Seminare/AEIzS/Abgaben/Folien/4_FMEA_HSinnerbrink.pdf, heruntergalden am 13.04.2017

<u>Webseiten (Online Artikel etc.):</u>

aspis.de

organhandbuch.de
ttp://www.orghandbuch.de/OHB/DE/Organisationshandbuch/6_MethodenTechniken/63_Analysetec hniken/633_FehlermoeglichkeitUndEinflussanalyse/fehlermoeglichkeitundeinflussanalyse_inhalt.ht ml, abgerufen am 13.04.17

johner-institut.de
https://www.johner-institut.de/blog/iso-14971-risikomanagement/fmea-bei-medizinprodukten/, abgerufen am 13.04.17

qz-online.de
https://www.qz-online.de/qualitaets-management/qm
basics/methoden/fmea/artikel/fehlermoeglichkeits-und-einflussanalyse-fmea-nach-qs-9000-
270675.html, abgerufen am 13.04.17

sixsigmablackbelt.de
http://www.sixsigmablackbelt.de/fehlerkosten-10er-regel-zehnerregel-rule-of-ten/, abgerufen am
15.02.107

tercaro.de
http://www.tercero.de/infocenter/qualitaetsmethoden-qm-methoden/fmea-fehler-moeglichkeits-
einfluss-analyse-Beratung-Moderation/FMEA-Kritik-Praxis-Erfahrungen-Beratung-Moderation,
abgerufen am 13.04.17

vdma.org

walter-messing-preis.de
http://www.walter-masing-preis.de/preistraeger/preistraeger-2007/, abgerufen am 13.04.17

Anhang 1 – Strukturbaum zum Fallbeispiel Studienarbeit

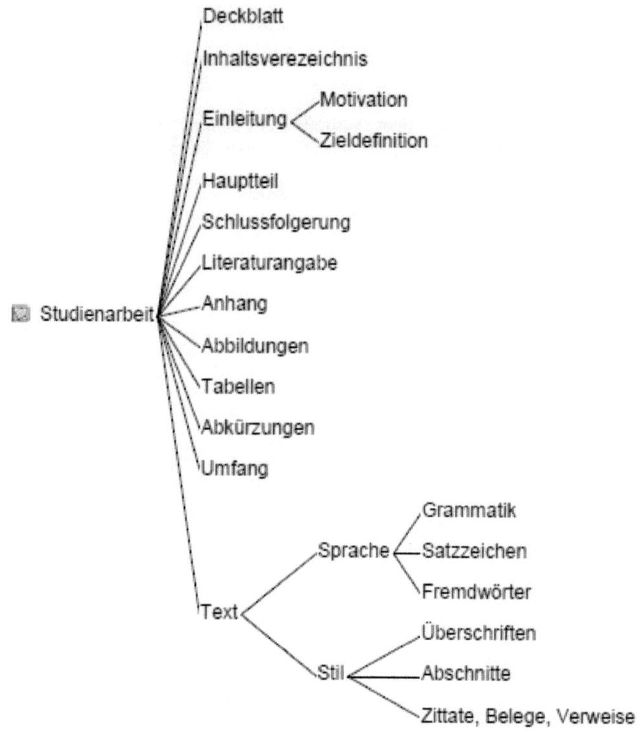

Abbildung 2: Strukturbaumanalyse

Anhang 2 – Funktions- und Fehleranalyse zum Fallbeispiel Studienarbeit

- 1 [04.17] Studienarbeit {1}
  - 1.a Dient als Bewertungsgegenstand zum Bestehen von Modul {1}
  - 1.b Demonstriet die eigenständige Eigung vom Fachwissen {1}
  - 1.c Demonstriert die Fähigkeit zum wissenschaftlichen Arbeiten {1}
  - 1.d Demonstriert die eigenständige Anwendung von wissenschaflichen Methoden {1}
  - 1.e Demonstriert die Fahigkeit geschlossen ein Thema abzuhandeln {1}
  - 1.f Dient der Übung von kritischer Auseinandersetzung mit einem Thema {1}
    - 1.f.1 Belege, Zitate fehlen gänzlich {1}
  - 1.g Funktion für Fehlerfolgen {1}
    - 1.g.1 Die Note fällt schlechter aus {1}
  - 1.1 Inhaltsverezeichnis {1}
    - 1.1.a Dient als kompakte Übersicht üder den Inhalt der Studienarbeit {1}
    - 1.1.b Dient zum schnellen finden von Kapiteln und Abschnitten {1}
    - 1.1.c Ist mit nummericher Angabe versehen und strukturiert {1}
      - 1.1.c.1 Die Seitenzahlen stimmen nicht {1}
      - 1.1.c.2 Ist nicht strukturiert {1}
      - 1.1.c.3 Es is unvollständig {1}
    - 1.1.1 Ursachenelement {1}
      - 1.1.1.a Ursachenfunktion {1}
        - 1.1.1.a.1 Es hat keine prüfung stattgefunden {1}
        - 1.1.1.a.2 Automatisches Inhaltsverzeichnis wurde nicht genutzt {1}
        - 1.1.1.a.3 Inhaltsverzeichnis wurde zum Schluss nicht aktualisiert {1}
  - 1.2 Deckblatt {1}
    - 1.2.a Dient der übersichtlichen Informationsvermittlung zum Thema und Autor {1}
    - 1.2.b Titel {1}
    - 1.2.c Aangaben zum Autor {1}
  - 1.3 Einleitung {1}
    - 1.3.a Führt ins Thema hinein {1}
    - 1.3.b Hat einen Umfang von 1 bis maximal 2 Seiten {1}
      - 1.3.b.1 Ist zu lang {1}
      - 1.3.b.2 Enthält keine klare Zielvorgabe und Zielhierarchie {1}
    - 1.3.1 Motivation {1}
      - 1.3.1.a Begründet die nachfolgende Abhandlung und verleiht den nachfolgenden Abschnitten Sinn {1}
    - 1.3.2 Zieldefinition {1}
      - 1.3.2.a Erklärt die Ziele der vorliegenden Arbeit und setzt damit den "Messwert" fest {1}
  - 1.4 Hauptteil {1}
    - 1.4.a Erklärt die Bausteine zum Thema und setzt diese in Verbindung zueinander {1}
    - 1.4.b Bilden den Größten Teil der Studienarbeit {1}
  - 1.5 Schlussfolgerung {1}
    - 1.5.a Dient der Darstellung von Ergebnissen {1}
    - 1.5.b Hat einen Umfang von 1- 3 Seiten {1}
      - 1.5.b.1 Ist nicht Schlüssig, hat keine Verweis zum Hauptteil {1}
  - 1.6 Literaturangabe {1}
    - 1.6.a Beweist die fachliche Auseinandersetzung {1}
    - 1.6.b Dient der wissenschaftlich korrekten Arbeit {1}
    - 1.6.c Zeugt die Nutzung von Material und Daten und bennet die Quelle {1}
      - 1.6.c.1 Ist unvollständig {1}
      - 1.6.c.2 Ist uneinheitlich angegeben {1}
      - 1.6.c.3 Enthält keine Qualität {1}

■ 1.7 Anhang {1}
  ☒ ✏ 1.7.a Dient als engeheftete Information am Ende der Arbeit um den Fluss im Textteil nicht zu unterbrechen. {
  ☒ ⧉ 1.7.b Sind nummeriert und verfügen über einen Titel {1}
    ☒ ✦ 1.7.b.1 Ist nicht nummeriert {1}
■ 1.8 Abbildungen {1}
  ☒ ✏ 1.8.a Dienen der Verdeutlichung vom Inhalt durch graphische oder bildliche Darstellung {1}
  ☒ ⧉ 1.8.b Haben einen Titel und eine Quellenangabe {1}
    ☒ ✦ 1.8.b.1 Sind nicht durchnummeriert {1}
    ☒ ✦ 1.8.b.2 Haben keine Quelleangabe {1}
■ 1.9 Tabellen {1}
  ☒ ⧉ 1.9.a Haben einen Titel und falls notwendig eine Quellenangabe {1}
  ☒ ✏ 1.9.b Dienen der zusammengefassten und übersichtlichen Darstellung {1}
    ☒ ✦ 1.9.b.1 Sind nicht im Tabellenverzeichnis aufzufinden {1}
    ☒ ✦ 1.9.b.2 ... {1}
■ 1.10 Abkürzungen {1}
  ☒ ✏ 1.10.a Dienen der lesbarkeit {1}
  ☒ ⧉ 1.10.b Werden im Abkürzungsverzeichnis alphabetisch aufgelistet und erklärt {1}

    ☒ ✦ 1.10.b.1 Sind nicht beim ersten Einsetzen erklärt {1}
■ 1.11 Umfang {1}
  ☒ ⧉ 1.11.a Ist innerhalb der Richtlinin der Universität {1}
  ☒ ⧉ 1.11.b Wird zusätzlich mit dem Dozenten abgestimmt {1}
    ☒ ✦ 1.11.b.1 Unnötig maßlos überschritte {1}
■ 1.12 Text {1}
  ■ 1.12.1 Sprache {1}
    ☒ ✏ 1.12.1.a Sprache {1}
      ☒ ✦ 1.12.1.a.1 Ist nicht verständlich, unwissenschaftlich {1}
    ■ 1.12.1.1 Grammatik {1}
      ☒ ✏ 1.12.1.1.a Grammatik {1}
        ☒ ✦ 1.12.1.1.a.1 Ist fehlerhaft {1}
    ■ 1.12.1.2 Satzzeichen {1}
      ☒ ✏ 1.12.1.2.a Dienen der lesbarkeit und sind richtig und regelkonform einzuhalten {1}
        ☒ ✦ 1.12.1.2.a.1 Wurde nicht genutzt, ist fehlerhaft {1}
    ■ 1.12.1.3 Fremdwörter {1}
      ☒ ⧉ 1.12.1.3.a Sind beim erstmaligenn benutzen im Text stets zu erklären bzw. definieren {1}
      ☒ ✏ 1.12.1.3.b Verdeutlichen und Vereinfachen die spezifische Auseinandersetzung mit einem Thema / Sachverhalt {
        ☒ ✦ 1.12.1.3.b.1 Werden ohne Erkläfung eingesetzt {1}
  ■ 1.12.2 Stil {1}
    ☒ ⧉ 1.12.2.a Sollte über die gesamte Studienarbeit einheitlich sein {1}
    ■ 1.12.2.1 Überschriften {1}
      ☒ ✏ 1.12.2.1.a Dienen der einfachen Einordnung und besseren Lesbarkeit {1}
        ☒ ✦ 1.12.2.1.a.1 Sind nicht durchnummeriert, unstruktueiret oder nicht einheitlich {1}
    ■ 1.12.2.2 Texteigenschaften/Abschnitte {1}
      ☒ ⧉ 1.12.2.2.a Texteigescnhaften wie Schriftgröße, Zeilenabstand und Zeilenausrichtung sollten den Vorgaben der zu
      ☒ ⧉ 1.12.2.2.b Abweichungen von den allgemeinen Vorgaben der zuständigen Universität sind mit dem Dozenten abg
        ☒ ✦ 1.12.2.2.b.1 Zeilenabstand, Ausrichtung und Schriftgröße nicht einheitlich {1}
    ■ 1.12.2.3 Zittate, Belege, Verweise {1}
      ☒ ✏ 1.12.2.3.a Dienen der wissenschaftlichen Arbeit und der Einhaltung der wissenschaftlichen Qualitöt {1}
      ☒ ⧉ 1.12.2.3.b Entsprechen der wissenschaftlichen Standards und der Vorgaben der Universitöt {1}
      ☒ ⧉ 1.12.2.3.c Sind über die geasmte Arbeit einheitlich gehalten {1}
        ☒ ✦ 1.12.2.3.c.1 Belege, Zitate fehlen gänzlich {1}
        ☒ ✦ 1.12.2.3.c.2 Wurden nicht vollständig, unkorrekt oder uneinheitlich belegt {1}
■ 1.13 Ursachenelement {1}
  ☒ ✏ 1.13.a Ursachenfunktion {1}
    └ ☒ ✦ 1.13.a.1 Die Note fällt schlechter aus {1}

Abbildung 3: Funktions- und Fehlerliste

Anhang 3 – Risikobewertung / Maßnahmenanalyse und Optimierung zum Fallbeispiel Studienarbeit

Risikobewertung und Maßnahmenanalyse									Optimierung						
FMEA-Analyse	Ursache-Wirkungs-Analyse				derzeitige Zustand				Verändern		geänderter Zustand			
Element	Potenzielle Fehler	Potenzielle Folgen	Potenzielle Ursachen	Vorbeugung	Auftreten	Bedeutung	Entdeckung	RPZ	Empfohlene Maßnahme	Verantw., Termin, Ziel	getroffene Maßnahmen	Auftreten	Bedeutung	Entdeckung	RPZ
1.1 Inhaltsverzeichnis	1.1.c.1 Die Seitenzahlen stimmen nicht	Abwertung in der Note	Es hat keine Schluss-Prüfung stattgefunden	keine	5	5	5	125	Vor Abgabe vergleichen und prüfen	Verantw.: Autor Termin: nach Fertigstellung, 2 Tage vor Abgabe	empfohlene Maßnahme wird umgesetzt	1	5	1	5
	1.1.c.2 Ist nicht strukturiert		Automatische Inhaltsverzeichnis in Word wurde nicht genutzt		4	8	4	128	Word Titel und Inhaltsangabe Funktionen Nutzen	Verantw.: Autor Termin: Dauerhaft bei der Fertigstellung nutzen	empfohlene Maßnahme wird umgesetzt	1	8	1	8
	1.1.c.3 Es ist unvollständig		Aktualisierung zum Schluss fand nicht statt		4	9	5	180	Vor Abgabe aktualisieren (Word Funktion Nutzen)	Verantw.: Autor Termin: 2 Tage vor Abgabe	empfohlene Maßnahme wird umgesetzt	0	8	1	0
...	...														

Tabelle 1: Formblatt

Fortsetzung auf nächste Seite

Risikobewertung und Maßnahmenanalyse									Optimierung						
FMEA-Analyse	Ursache-Wirkungs-Analyse				derzeitige Zustand				Verändern		geänderter Zustand				
Element	Potenzielle Fehler	Potenzielle Folgen	Potenzielle Ursachen	Vorbeugung	Auftreten	Bedeutung	Entdeckung	RPZ	Empfohlene Maßnahme	Verantw., Termin, Ziel	getroffene Maßnahmen	Auftreten	Bedeutung	Entdeckung	RPZ
...	....														
1.12.1.1 Grammatik	1.12.1.1.a.1 Ist fehlerhaft	Abwertung in der Note	Flüchtigkeit oder Unwissen	Rechtschreib- und Grammatikprüfung in Word ist eingeschaltet	9	9	5	405	An fachmännischen Korrektor übergeben	Verantw.: Korrektor Termin: vor Abgabe	empfohlene Maßnahme wird umgesetzt	1	9	2	18
1.12.1.2 Satzzeichen	1.12.1.2.a.1 Wurde nicht genutzt, ist fehlerhaft	erhebliche Abwertung in der Note	Flüchtigkeit oder Unwissen	Rechtschreib- und Grammatikprüfung in Word ist eingeschaltet	9	9	3	243	An fachmännischen Korrektor übergeben	Verantw.: Korrektor Termin: vor Abgabe	es wird ein Kommilitone gebeten den diese Fehler zu beheben	3	9	2	54
1.12.1.3 Fremdwörter	1.12.1.3 b.1 Werden ohne Erklärung oder falsch eingesetzt	erhebliche Abwertung in der Note	Annahme, dass es jeder kennt. Lückenhaftes Verständnis von Fremdwörtern	keine	6	9	5	270	Selber nochmal auf Fremdwörter prüfen	Verantw.: Autor Termin: vor Abgabe	empfohlene Maßnahme wird umgesetzt	3	9	5	135
...	...														

Tabelle 2: Fortsetzung Formblatt Abbildung 4